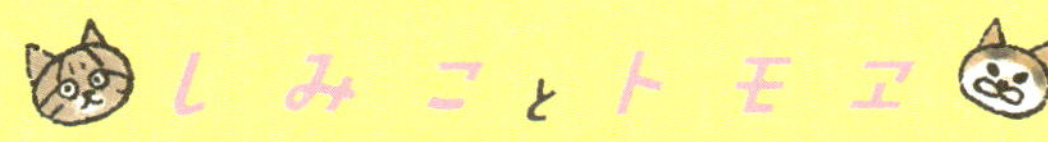

猫がいるから大丈夫

simico［著］

イースト・プレス

しみことトモエ 猫がいるから大丈夫

もくじ

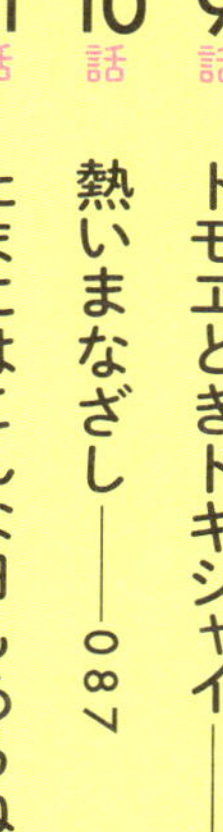

ピョン
ピョーン

フギャー
フーッ

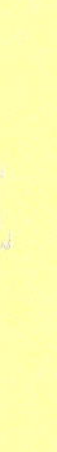

ねてるなり？
ねてるニャ
プカー

キャラクター紹介

かいぬし（作者）

一人暮らしの
独身アラフォー
猫と暮らして10年
まだまだ猫たちに
翻弄されっぱなし

トモエ ♀6～9歳（推定）

しみこが9歳の
ときに家族の
一員となった
元野良猫
人には甘え上手で
しみこに厳しい

しみこ ♀10歳

生後約2ヶ月頃
かいぬし家に迷い
こんできた先住猫
世間知らずで
マイペース

海子さん

トモエが脱走したときに
お世話になった大恩人

海子さんちの近所の地域猫

海子さんちの家猫

プロローグ わが家のなれそめ ダイジェスト

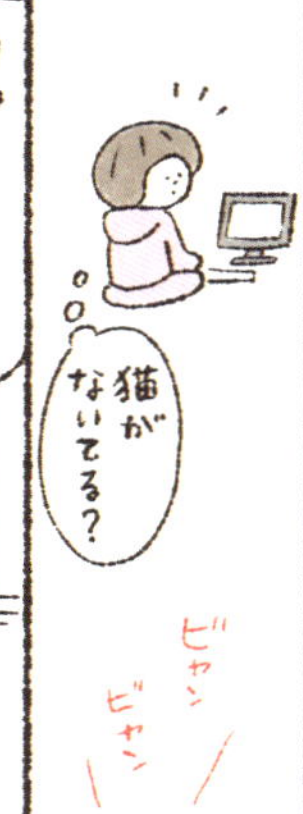

フーッ

ヴヴォウオ〜ブヒーッ

シャーッ

喧嘩上等ニャー

最初は
仲が悪かった
しみことトモヱ

オロ

オロ

まずい…

ヴ〜ウヴォヴォウオ〜ウ〜
ヴ〜ヴ〜
ボエ〜
今まで聞いたことないしみこのうなり声…
ト…ッ トモヱも怒ってる!!!!
シャー
コローン
トモヱの態度あからさまスギ
クネ クネ
フシャー
スリ スリ
ブヒー
しみこ弱っ
今まで猫といえばしみこしか知らなかった
猫ってこんなに性格がちがうの!?
そして仲良くしてもらうにはどうしたら!?
落ちまくる「目からウロコ」
ポロ ポロ ポロ
あの手この手、右往左往しながら共に過ごしてきた
うおぉ〜
洗脳(せんのう)作戦※
※お互いのおしっこのニオイを交換して慣れさせる作戦
それから2年…

2匹の仲は…
寝ぼけて鼻チューしてたり
スンスン
チュッチュッ
尻をなめ合っていたり…
ペロ
ペロペロ
今ではもうすっかり…
仲良…
シャーッ
なめんニャス！
ブヒー
フギャ〜〜オ
ドスドスドス
ドドドドドド…
ぐえっ
仲良…
ズドドドドド…
ドタバタほっこりときにしっぽり…そんなわが家のお話です
ドス ドス ドス
コンニャロ コンニャロ
エイエイ
ブヒ〜
仲良くなってない…

第1話

猫の見る夢

しみことトモエ

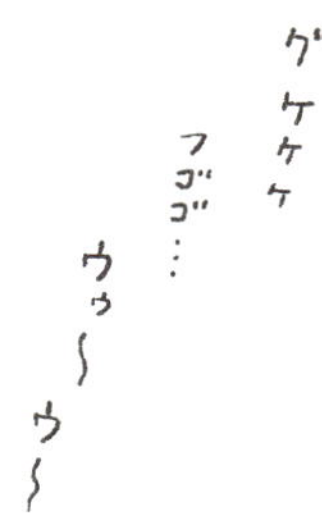
グケケケ
フゴゴ…
ウゥ〜ウ〜

ケケケケ…

ケケケ
ウ〜ウ〜
！
しみこの寝言!?

ケケケ…
そ〜

グゲゲゲ
グルル…
フゴフゴ
…
ピクッ

単純に
休息のジャマを
しないほうが良い
っていうのと…

他にもうひとつ
ジャマしては
いけない理由

寝言を言いながら、
触っても起きないくらい
熟睡しているときは…

夢の中で狩りをしている
真っ最中だというのだ

この夢の中での狩り（ケンカ？）は
本番に備えての
予行練習になっているらしい

イメージ
トレーニング
的な？

ニャハハ
まいったか

まいり
ました

なるほど

トモヱにすごまれると
耳をペターっとして
ひるむことが多い
しみこなのに

自分から
けしかけていくことが
ちょいちょいある

ニャッハッハッ!
くそぅ
しみこのくせに

―トモヱのほうは
比較的いつも
しずかに寝ている
ツチノコ
スタイル
スコー
スコー

眠りが浅いときは
なでると
「プゥ?」とか
「ピィ?」とか
寝たまま返事する
Pee?
Poo?

トモヱの爆睡&寝言のとき

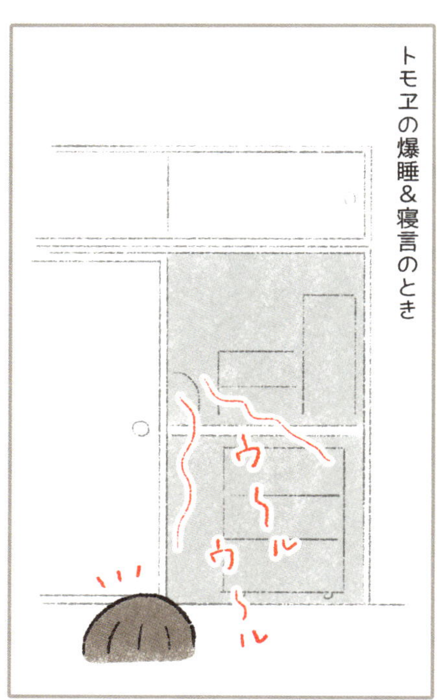

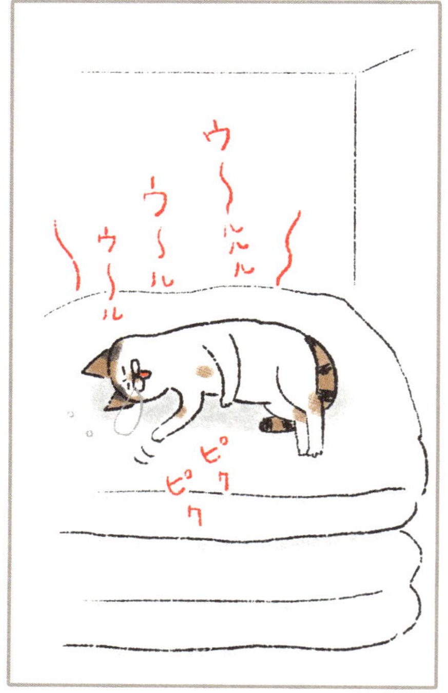

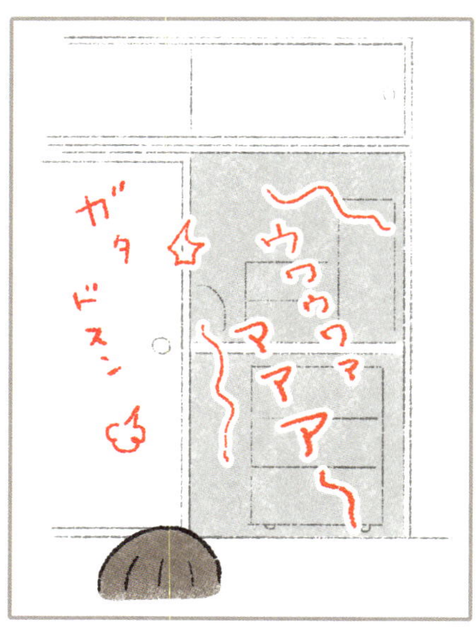

ペロ
ペロ

タ――ッ

キョロ
キョロ

我に返る

何ごとも
なかったかのように
ケツパン
スタンバイ
スチャッ

何ごまかしてんだよう～
ごまかしてねえす

ねぼけてビックリしたの～？
ビックリなんかしてねえす

ビックリなんかビックリなんか…

フゴフゴゴ…
ねぼけて
ビックリして
半ベソかいた
トモヱなのでした
パタパタ
あざとい！実にあざとい！グギギ…

第2話

おニューの爪とぎ

しみことトモエ

ちょっとフンパツして
いつもより良い爪とぎを
買った
Merry Christmas!
いつもは
3コセット¥500
両面使えてとってもお得
←

ヌッ

まずはしみこの検品
くんか
くんか
ボワッ
新しい物に
すぐ飛びつく

バリ
バリ
バリ
バリ
バリ

気に入ってくれて
なにより
なにより
くるっ
ゾリ
ゾリ
ゾリ

トモヱがおもちゃに
興味を示さないのは

野良時代に
もっとワイルドに
遊んでいたから
こんな人工的な
おもちゃはつまらない
んだろうなぁ…

…と、思っていた

しかし興味を示さないのは
最初だけで
ホレ
ホレ
シャカ
シャカ
サッ
はじめて
見るものには
警戒する
ショボーン

慣れてしまえば
ご覧の通り大ハッスル
慎重派だった
ようだ
しみこのように
すぐに飛びつかない

なので、トモヱはいつも
しみこのお古を使う
チョイ
チョイ

おそるおそる…
くん
くん

くるん

これ吾輩の！
え〜いいじゃんちょっとくらい

もう1コ買えばいいなり
こっちでカンベン
ペロペロ

しみことトモヱ

第3話

気になるお年頃

【アダンソン】日本名：アダンソンハエトリ
家の中でよく見かけるクモ。
ハエやダニなどを食べてくれる。
無害。

バリバリ
バリバリ

タノム見逃してあげて！
はよにげなはれ！
ブルル…

ピョン
ピョーン
トモエハッスルしてるなー

ピョーン
ホッ

いままでトモヱの歳を
おおざっぱな推測で
6、7歳として
オバハン仲間扱い
していたが…
(病院で5~8歳と言われていた)
本当はもっと若い
かも知れないのう
しみこばーさんや…
そうじゃのう
ペロ
ペロ

そろそろ
ねるぞい
ふあ~

ヒラリ
化粧箱
猫キャリー
棚

今は医療やフードの改善で
寿命がぐんと伸びた

野良ねこは
3〜5歳
（やはり過酷なようだ…）

室内飼いで
15〜20歳以上

猫の10歳は
人間でいうと56歳
人間よりも倍速で
歳をとっていくので
あと半年もしたら
しみこは60歳くらいと
いうことになる

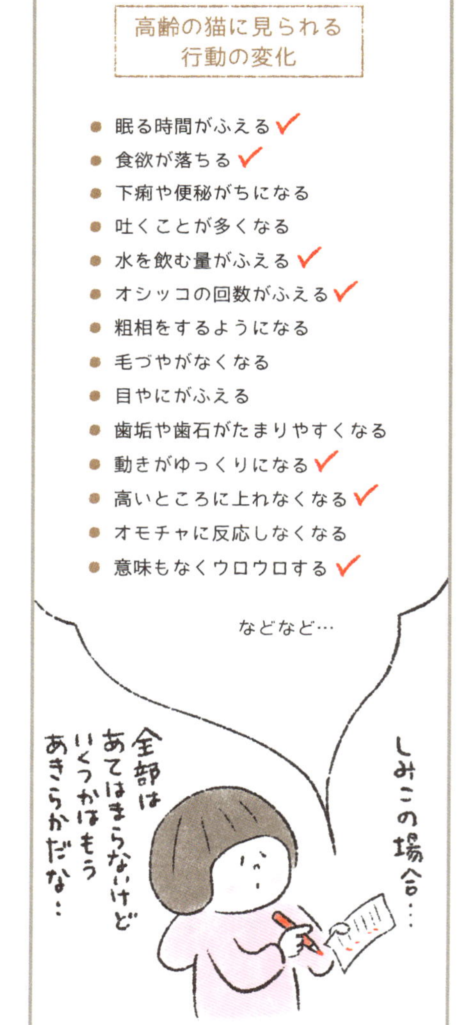

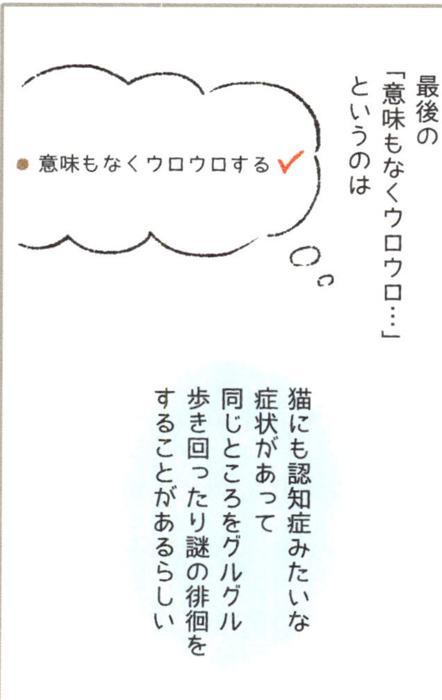

しみこ 謎の徘徊―
①ぐるぐると同じルートを3回くらいまわる…

②つかまる
バッ

③なでられる
この一連の流れがナゾ儀式として定着している…
これは徘徊とはちょっとちがうかも？
ナデ
ナデ
ナデ
ゴロロ…
ゴロロ…

でももう確実に老いはやってきている

ゆるやかに確実に
時間は過ぎて行くから
におい
ぬくもり
いつまでも
忘れないように

忘れないように

忘れないように

うわ〜ん
命の終わりのことを
考えて泣き出す
高齢のかいぬしに見られる
行動の変化
● すぐ泣く ✓

第4話

もしものこと

しみことトモエ

―前回からのつづき―
加齢とともに涙もろくなった
かいぬし
うわ〜〜ん
命の終わりのことを
考えて泣き出す

チーン

そこそこの
ブスです
4時に夢中!
ウルセーヨ
※TV映像
関係なし

…だが、そんな感傷も
すぐに忘れ日常に戻る
アハハ
ひっぱたいといて下さい

…と、ここまでが
私のいつもの
思考パターン
それ以上のことは
何も考えて
いない…
ふと、将来のことを
考える
いつかくる寿命を
思い、悲しくなって
泣く
忘れる

—ある日のこと

—出勤前
お。
キテル
キテル
ひと月前に受けた
ガン検診の結果がきていた
検査はきらい
だが結果を
見るの大好き

ビリ
ビリ

大腸がん異常なし
胃がん異常なし
子宮がんは…
ブツブツ
んん？
子宮がん検査の結果は…どこを見ればいいんじゃ？

え⁉
悪性腫瘍

これかな？
LSIL 軽度病変
HSIL 高度病変
SCC 悪性腫瘍
見方がよくわからん

悪性腫瘍って…
つまり…ガン？
ガーン
ついにわしもこのギャグを使う日がきてしまったか…

ポワ
ポワ
―検査時のかいぬし
ヒィ…痛かった…
検査なんてもう2度と来るものか!!
死んだ方がマシじゃ〜
次の方どうぞ〜
チキショー
(逆うらみ)
マンモグラフィとか子宮内検査とか思っていたより痛い検査だった…
貧乳だとちぎられるような痛さ…
※個人差があるようです

ハハ…
受けといてよかった
早期発見
早期治療

と、とりあえず手術とかするのかな…
…入院しなくちゃだな…
ハッ

今まで、
猫を先に見送ることばかり
考えていたけど

自分が先にいく可能性だって
ある…

もしもの時の
しみことトモヱの
飼い主になって
くれる人を
見つけて
おかなくては…!

もちろん今まで
考えたことがなかった
わけではない

トモヱをもらう時の
契約にも
確認があった

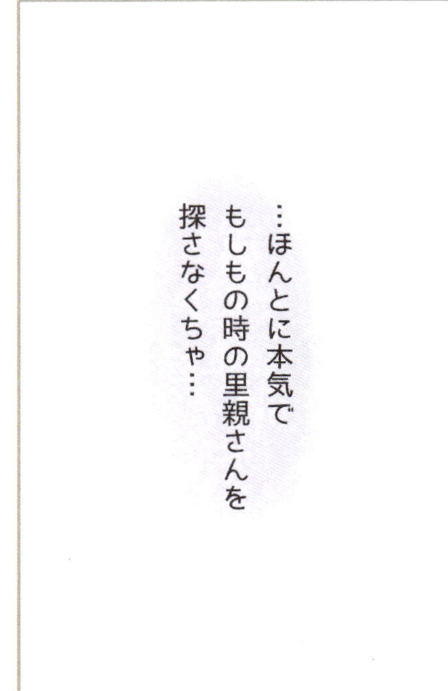
…ほんとに本気で
もしもの時の里親さんを
探さなくちゃ…

…何かあったんですか?
めちゃんこくらいですよ
ズーン

実は…
えええ!?
ガン!!?

会社もしばらくお休みとらなくちゃ…

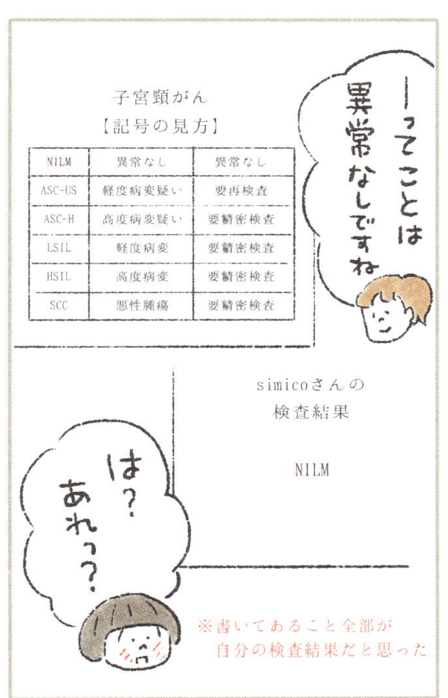
子宮頸がん
【記号の見方】
NILM 異常なし 異常なし
ASC-US 軽度病変疑い 要再検査
ASC-H 高度病変疑い 要精密検査
LSIL 軽度病変 要精密検査
HSIL 高度病変 要精密検査
SCC 悪性腫瘍 要精密検査
──ってことは異常なしですね
simicoさんの
検査結果
NILM
は？あれっ？
※書いてあること全部が自分の検査結果だと思った

simicoさん、ここ見てそう思ったの？これ「記号の見方」って書いてありますよ？
これ、解説書ですよ 他に紙入ってないですか？
え？

もう一枚…
あった
"NILM" …って書いてある

ヨカッタデスネ
ププ
カァァッ
おっ おさわがせしました
くしゃっ

…今まだ後見人を
探し中です。
かいぬしの模索はつづく…

第5話

肛門様

猫のお尻の穴の両サイドに
小さい穴がある（犬にもある）

「肛門せん」という
独特な臭いを発する
大事な部分

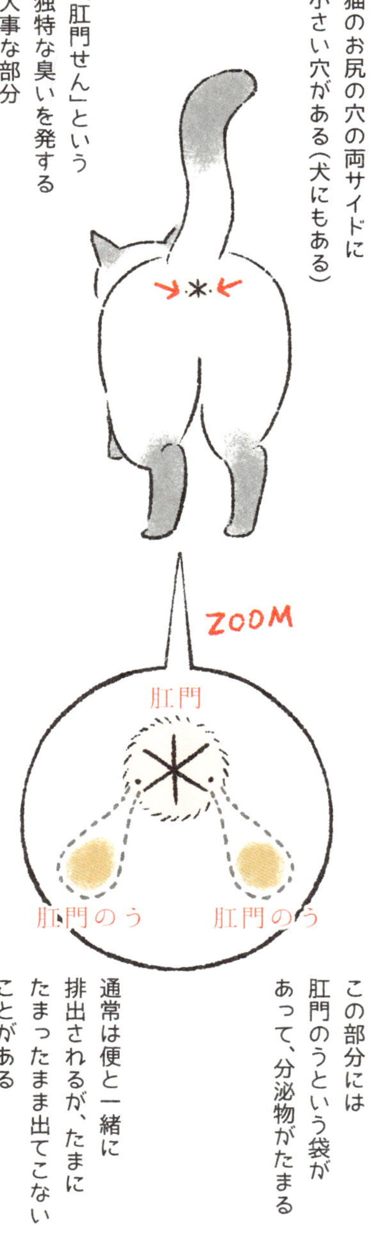

この部分には
肛門のうという袋が
あって、分泌物がたまる

通常は便と一緒に
排出されるが、たまに
たまったまま出てこない
ことがある

たまったまま出てこないと
気になってズリズリしたり

ひどくなると炎症を
おこしたり破裂したり
大変なことになるという…

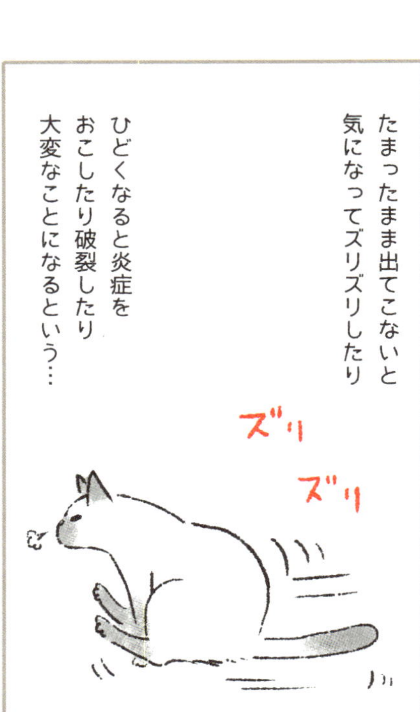

なので、たまに人間が
絞り出してあげる必要がある
（しなくても良い猫もいる）

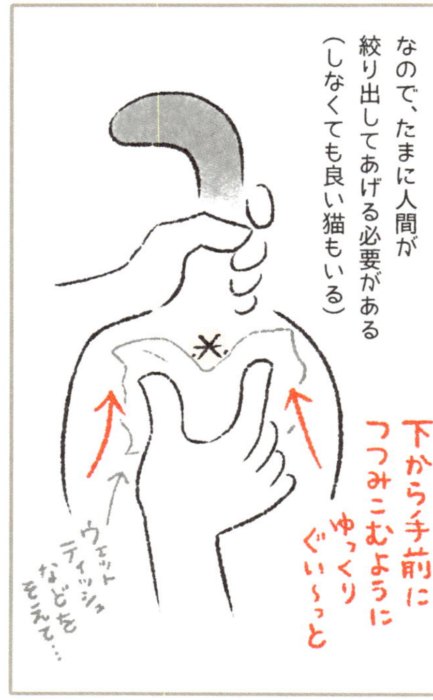

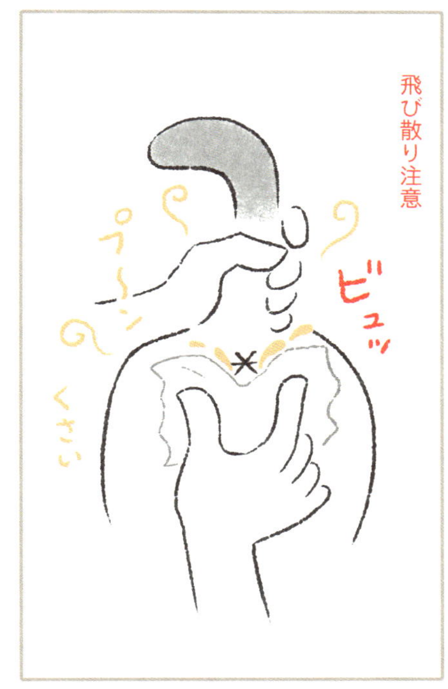
飛び散り注意
プ～ン
ビュッ
くさい

―病院
しみこちゃんはたまりやすいみたいですね
おうちでもやってあげて下さい
ニャ～
フキ フキ

コツをつかめばできるようになりますよ
コレドーゾ

実は今まで何度もチャレンジしてみたが一度もうまくできたことがない
おまえはヘタクソなんじゃ～
ダ～ッ
ティッシュ

ふぉっ ふぉっ ふぉ
未熟者め出直してきなさい
肛門様（肛門）
スケさん（肛門のう）
カクさん（肛門のう）
これスゴクわかりやすいぞ
もう一度がんばってみよう
お手入れのしかた

ホッ
しみこは今しぼりたてだからとうぶん出ないだろう

トモエ…
いつでもスタンバイOKれす

ではシツレイして…
キャッ
ムンズ

ケツパンじゃないんかい！
シャー
むお〜しぼらせてくれ〜

—数ヶ月後
zzz
そろそろたまったかな

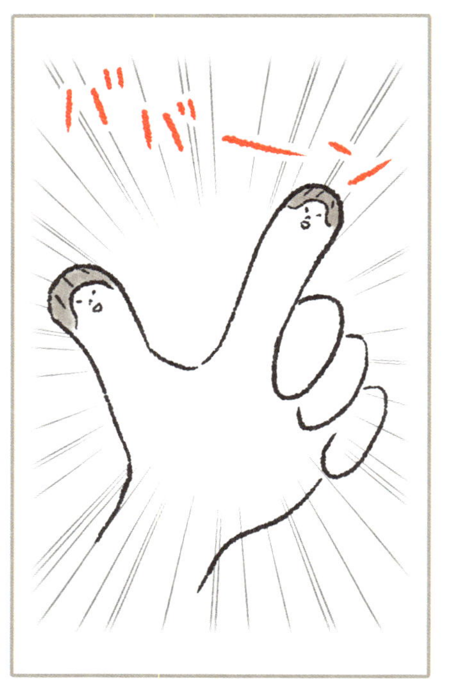
ババーン

ヌッ

また来おったな未熟者！
スケさん、カクさん、こらしめておやりなさい
ヘイッ
ヘイッ

何者！
サッ
サッ

腕を上げおったな!
スケさん! アレを出すのです! アレを!!
ぐわぁぁ
ぐおお
ぐい
ぐい
㊟手です

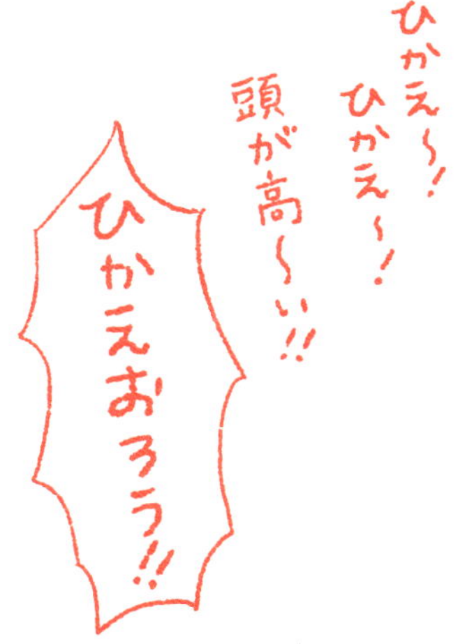
ひかえ～! ひかえ～!
頭が高～い!!
ひかえおろう!!

この紋どころが目に入らぬか～～!!!

…
ぐわぁぁ
ぐおお
ぐい
ぐい

…しかたありませんね
スケさん、カクさん！ダンゴをくれておやりなさい！茶も付けてな
ぐわぁぁ
ぐぉぉ
ぐい
ぐい

ビャッ
ビャッ

うわ
目がっ
目があぁっ
ひかえおろう〜
ひかえおろう〜

—これにて一件落着

第6話

コスコス詐欺

これまでに何度も決意してきたが
賃貸では良い物件に
めぐり会えず断念してきた
ペット可少なっ
あってもお高い
今のアパートの方が
家賃安いし
引っ越すメリット
ないな～
賃貸情報
サイト巡り
…でも
やっぱり
もうちょっと
広いところに
住みたいし…

引っ越しを決意した

…ずっと
賃貸のままでいいのか
購入したほうがいいか…
グダグダ迷っていたが…

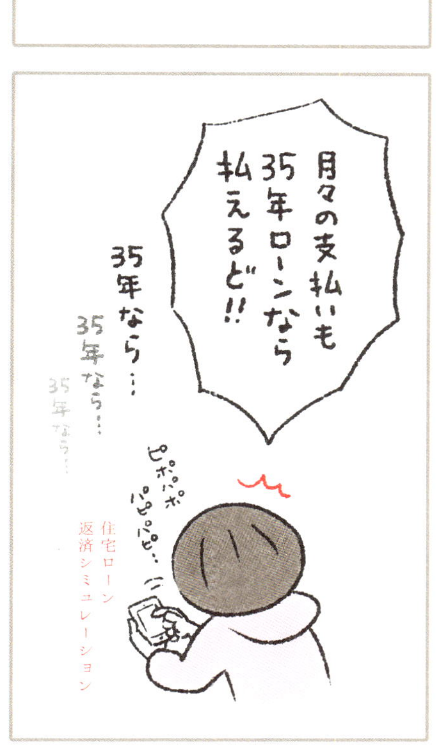

こうして
購入する意思をかため
仲介業者のお店へ行った
ウオォォォ
終の住処を
決めるのだー

ピカピカのモデルルームへ…
パアァァァァ
キラ
キラ
キラ

仲介業者さんは
こちらに買う意思が本当に
あるとわかるとノリノリで
いろいろ教えてくれた
新築なら
ほとんど
ペットOK
ですよ
モデルルーム
ご案内しましょう
トントン拍子に
話は進み…

ウオォォ
フオォォ

では※仮審査にまわしてみますね
ほぼほぼ大丈夫でしょう!
ほぼほぼ決まりそう…!
ドキドキ

※住宅ローンを払っていける能力があるかどうかを銀行で審査される

猫たちとのピカピカ新生活ー!

月々のお支払いは…

ウンタラカンタラ…

パァァ…

払えそう…

越す越す詐欺を働きつづけ
いく年月…
引っ越ししようかな
鷺（サギ）
コス
コス

コス
コス
また言ってる
毎年言ってるけど、越したこと一度もないね

ホントに引っ越すかも！
コス
コス

本当にホントに引っ越しが決まりそう
ホントか？
ウソダー
イデデ

しみこよ！
トモエよ！
もっと広いおうちに住めるぞ！
シュッ
シュッ
脇があまいニャス

ドドドド…

ドドドド…

せまいながらも
慣れてきた
様子の2匹…
猫にとって
引っ越しは
大きなストレスに
なると言うし…
とっても不安…

ついに住み慣れたこの部屋とも
お別れである…

お気に入りの
ドラ○もん風ベッド

アパートの前には
小さいけれど
専用庭があって
春にはツツジや
タンポポが咲き

初夏には泰山木（たいさんぼく）という
木に白い大きな花が咲く

花を見る前に
お別れかな…

いやだ…！
やっぱりここを
はなれたくない！

思い出がたくさんつまったこの場所…!

ぐすん
ぐすん
植木屋さーんこっちこっちー

この木、お願い
大家さん

根っこが傷んでたみたいだから思いきって切ることにしたの
ブイ〜〜〜ン
エッ

さようなら
我が青春…

―数日後

引っ越しはいつするの？

手伝うよ

※フリーの漫画家などには銀行はなかなか貸してくれないのであった…

コスコス詐欺継続中

第7話

お引っ越し 1

しみことトモヱ

なんやかんやで
本当に引っ越すことに
なりました
やったぞ〜
おうち
買えた
ド〜！

ホントに
ホント
だぞ〜
ワシャ
ワシャ

ホントに
ひっこす
ぞー

ホント…
だぞう…
ズシーン
住宅
ローン

不安いっぱい
だけど…
肉球があれば
のりこえられる
スーハー
スーハー

ギュウ

ヨダレの
においで
がんばれる
…たぶん
クンカ
クンカ

…てなワケで
生まれて初めての
猫を連れての引っ越しである

猫と一緒の引っ越し術
-NYAVERまとめ-

猫にとっての引っ越しは
縄張りから強制的に
連れ出されることと同じ。
猫にとってはそうとうな
ストレスに…

なになに…

うーむ
やはり…

引っ越しのドタバタで
迷子になるケースも多いので注意

※過去にトモエを脱走させてしまったことがある

なにがなんでも慎重にやらなくてはっ!

新居にはベッドやトイレを
新調したりせず
猫が今まで使っていたニオイの
ついたものを持っていくべし

コレも
持って行くか…

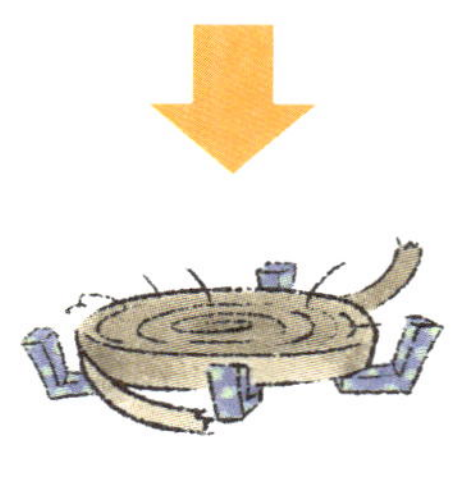

我家で人気No.1の爪とぎ

元のすがた

バスルームなどに入れて
待っててもらって荷物の運び出しが
終わったら、飼い主と一緒に
新居へ向かうとよい

うちから病院までは
タクシーで一気に
ブーンと行く

ブ〜ン

TAXI

ニャ〜ン
ニャ〜ン
ニャ〜

実は今の家から新居&
病院まで車で約15分

…という感じで
いきます

みなさん
カクゴしとく
よーに!

え〜
ぶう
ぶう

第8話

お引っ越し②

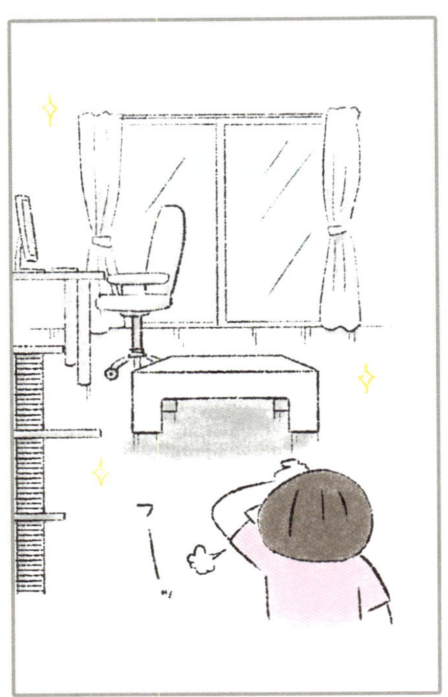

引っ越しまで
一ヶ月以上あったので
スケジュールをみっちり
たてて、少しずつ順調に
片付けていった

キレイになったところで記念撮影しておこう
ハイ こっち むいて～
パシャ

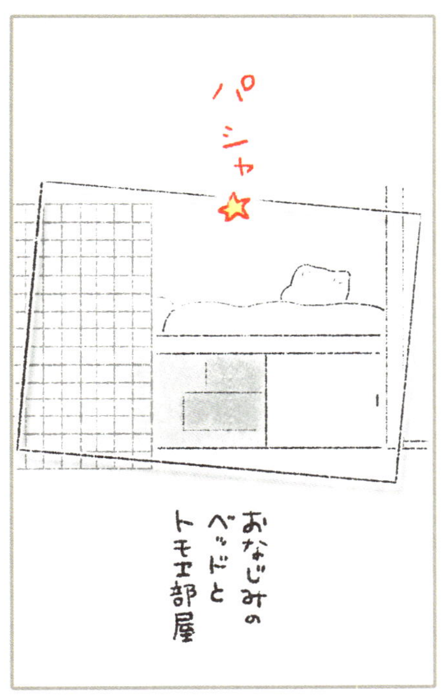
パシャ
おなじみのベッドとトモエ部屋

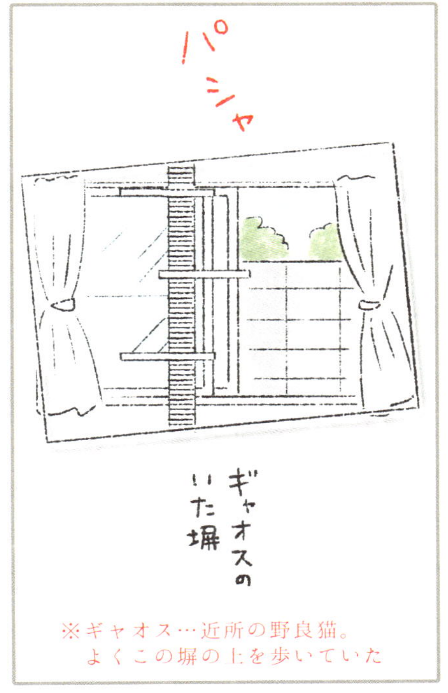
パシャ
ギャオスのいた塀
※ギャオス…近所の野良猫。
よくこの塀の上を歩いていた

ハイハイ、そのまま そのまま
に～
自撮り棒

パシャ

ここまで妄想

うまく撮れたぞ
あとでしみトモ写真館に使おう
ふふ
順調順調

実際の引っ越し前夜
半分以上終わっていない梱包作業
ふおおぉ
うおおおお〜
ぐおおお〜
ぎりぎりまで原稿が終わらず唸るしかない人の図
しみトモ達はすでに一足先に病院へ

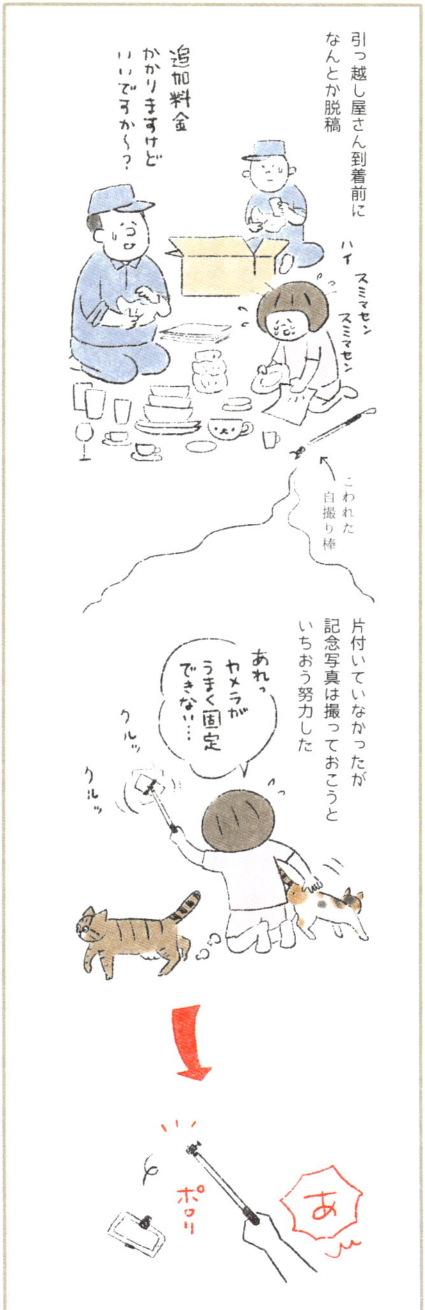

引っ越し屋さん到着前に
なんとか脱稿

追加料金
かかりますけど
いいですか〜っ？

ハイ
スミマセン
スミマセン

こわれた
自撮り棒

片付いていなかったが
記念写真は撮っておこうと
いちおう努力した

あれっ
カメラが
うまく固定
できない…

クルッ
クルッ

ポロリ

あ

自撮り棒、使用２回目で早くもこわれる

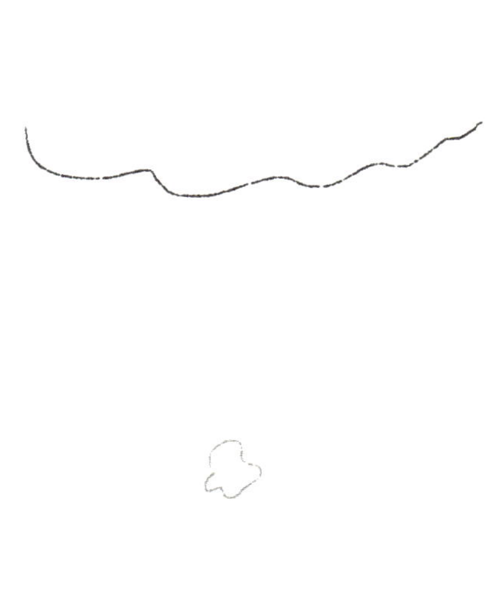

着いたらすぐに旧居レイアウト完全再現計画発動だ!
TAXI

ドーン

これドコ置きます〜?
…
部屋、再現どころじゃねぇ…

それでも
隙間に
それなりに
なんとか再現

一番目立つ場所に
トイレ(使用済み)
設置
引っ越し用
ダンボールが
ジャストフィット!
見ばえ
悪いけど
いいなぁこれ

準備は
ととのった!
今から
むかえに
行くドーー!

さぁ!
新たなる冒険の物語
新生しみことトモエ
その扉が今開かん!
ブツ
ブツ

スン
スン
スン
スン

なんか
キミら
シンクロ
してない？

そしてそれぞれ
思い思いに
パトロールして
数十分…

しみこ
初シッコ
トモヱ
初めし

もうなじんでる！
はやっ

ゴローーン
ゴロ～ン

新しい家はよほどいごこちがいいのか、1時間もしないうちになじんだようで…
拍子抜けするほど引っ越し大成功でありました。
ホッ

第9話

トモヱときドキシャイ

スン
スン
通りすがり嗅ぎ

あー？
サッ

スン
スン

今、嗅いだろ？
嗅いでにゃいす

嗅いでにゃーよ
バーカ
ダッ
ダーッ

フンッ
ターッ

クルリ
ズザザー

ピタ
にゃんすか？
嗅いだろ？

ドドドド
ドドドーッ

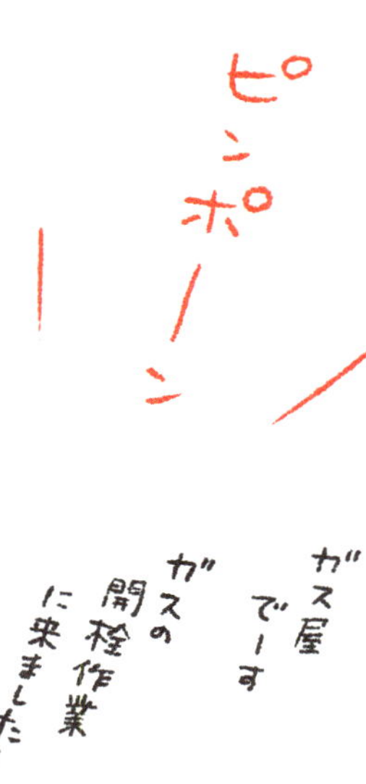
ピンポーン
ガス屋でーす
ガスの開栓作業に来ました！

ドドドド
やっぱりダッシュできる空間があるっていいな

記念すべきお客様第1号ガス屋の兄さん
ハーイ
今カギ開けまーす

どうぞ〜
しつれいしまーす

…っと、
その前に

中の扉を閉めて…っと、

中に入る時はすばやく！
シュタタッ

トモヱが
いない
しみこ、
トモヱは？
シラネ

バタン

ここ押すと
つきます
グリルは…
あーで
こーで
キョロ
キョロ
ソワ
ソワ
ボッ
クン
クン

では
ご説明
しますね
ハイ、
おねがい
します
ん！

ウンタラ
カンタラ
トモエ?
トモエ?

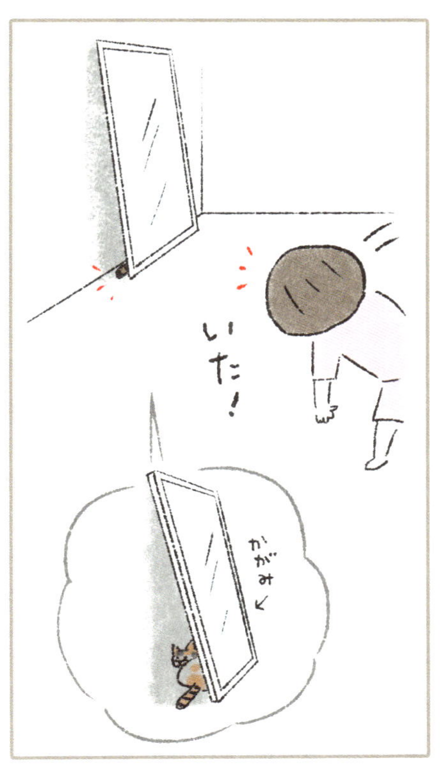
いた!
かがみ

説明は以上です
何かご質問
ありますか?
ふー
ヤレヤレ

もう一回
最初から
おねがいします

猫の前では
肝の据わったトモヱ
ですが、
あーーん？

初めての人間に対しては
少々ビビリです
ビビリ!?
No!
警戒心の強さ
ニャス!

ありがとう
ございました〜

ソロ〜リ

ゴロン

ふー
やれやれ

しみことトモエ

第10話

熱いまなざし

ネーム

―ふと、気づくと
ハッ

見られている
じーー

じーー
見られている

・・・

ヨイショっと

あっ
めし時か!
めし
めし

カリ
ポリ
ガツ
ガツ
カリ

めしが終わり…
しみこ
どっか行く

トテ
トテ
トテー

トモエ…
ペロペロ

ポテッ

基本トモヱは
ずっとかいぬしに
ついてまわる

分離不安症って
ヤツだろうか？
見えないよ〜

【分離不安症】とは
飼い主に依存して
飼い主の姿が見えないと
不安やストレスを感じ、
粗相や鳴き続けたりする
行動が見られる症状
そこまでの
ことはないから
ちがうな
ん？ケツパン
するニャス？
スチャッ
ハイポンポンオワリ

トモヱが張り付いていると
しみこが薄目で見つめる
うす目

くるんっ
ハイハイ
しみこもねー
ウェ〜ウェ
ウェ〜ウェ
しみこをあやす時に発する言語
※嫉妬心を錯乱させるために平等になでる

こんな風に
かいぬしは
常に監視されています
うれしい

またある時は…
じーー
ああ…また熱い視線が

しみこ〜
あれ？今見た？

見ているかのように見えて
遠くを見ている
見ていなかった
今見た
自意識過剰なりね

トモヱがあまえんぼうすぎる分、しみこがクールに見えてちょっとさみしい

zzz

オオォ
しみこ〜
ウェ〜ウェ
ウェ〜ウェ

サッ

早くめしにするなり
ネボスケめ
やっと起きたニャス
ハイ

第11話

たまにはこんな日もあるね

しみことトモヱ

雨のせいだろうか…

ベロ
ベロ
ベロ
ベロ

ウツウツとして
気分がすぐれないのは…

…

チョイ
チョイ

…

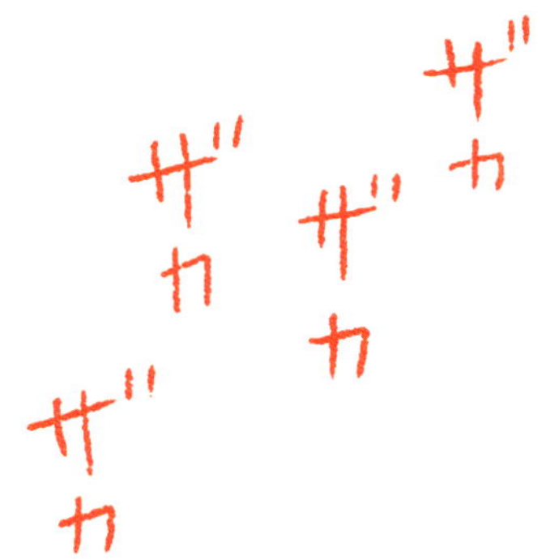
ザカ
ザカ
ザカ

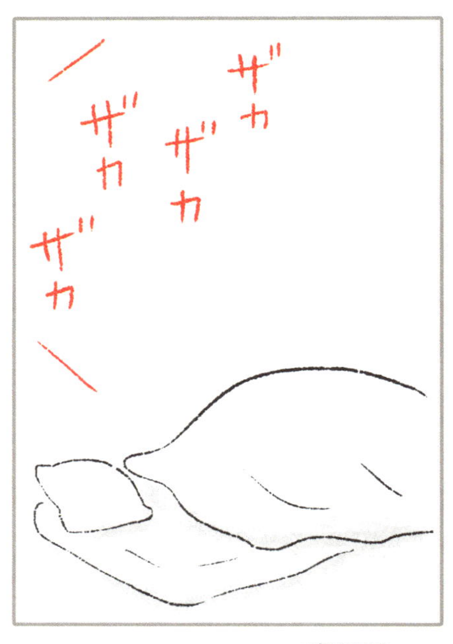

※【ウソトイレ】
トイレの砂を掘る音で
かいぬしをおびき寄せる
しみこの悪知恵

やれやれ
どっこいしょ

・・・

何もやる気が
出ないとき
それはふいに
やってくる

ペロ
ペロ
ペロ
ペロ

こんな
気分のときは
外に出て
気分転換だ

バシャア

ハッ
いかん
いかん

…

甘いものでも
食べよう
ストレスには
それがイチバン！

どれがいい
かな〜
スコーン
モンブラン…
ドーナツも
いいな
ワイ
ワイ
ハラへり
へりハラ〜

決めた
ドーナツと
ソイラテにしよ
すいま…
すいませ〜ん
スコーンと
モンブラン！
私は…ドーナツでいいや

ドーナッ…
すみません全部売り切れました

ガーン

しょんぼり

あり？カサがない
誰かに持ってかれた…？

キィィィ〜
どいつもこいつもおぉぉ
外になんか
出なければ
よかったあぁぁ!
うわあぁ〜〜ん!

ザー

ナ〜ン
スリ
スリ
どーした
ニャス?

肉球かぐ？

尻のほうがいいニャス？
・・・

吾輩にまかせろ
吾輩のヨダレは究極の癒し！
ベロ
ベロ
ベロ
ベロ
うおっ！ぺっぺっ

ウ〜
ウ〜
ウ〜

こういう気分に
意識を向けるのも
大事なのだ
心をより深く
深く…考え…

特別編 序章

あの日
あのとき
あの人と
出会わな
かったら

ペロ
ペロ
ペロ
ペロ

ペロ
ペロ
トモヱは今ここにいないかもしれなかった

以前、私は
トモヱを脱走させて
しまったことがあった

探しても

探しても

見つからず

ホントにどこに行っちゃったんだよぉ…

いなくなって
1週間が過ぎた頃

同じく
脱走中の飼い猫を
探していた人に
出会った

まいごポスター

!

うちも一匹脱走中でもう一匹が具合が悪くて…今から病院に行くところなんです

えぇっ

お互いがんばりましょうね

うちよりずっと大変だ…

そして数日後
その人がトモヱを
発見してくれて
無事に保護

今こうして
トモヱと一緒に
暮らせている
のである

その人の名前は
〝海子さん〟
これからお話し
するのは
そのときの
海子さんと
彼女の猫ちゃんの
物語です

第12話

特別編（きららちゃん第一章）

しみことトモエ

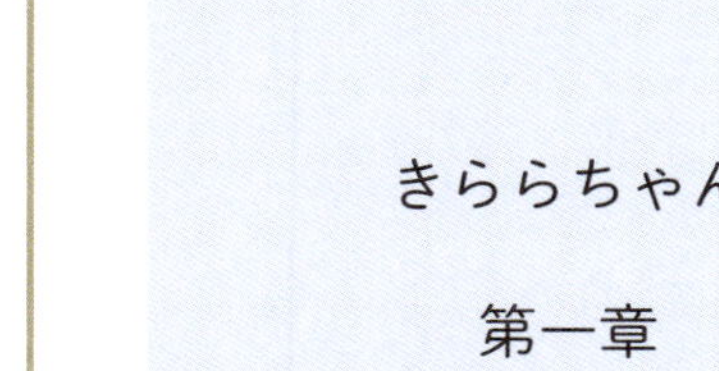

きららちゃん 第一章

きららちゃんの飼い主は
〝海子さん〟
トモヱがいなくなったときに
見つけてくれた恩人です

2013年の11月23日の朝
〝きららちゃん〟という
一匹の猫が亡くなりました

私がトモヱとの再会に
喜んで泣いた朝

ほぼ同じくらいの時刻に
きららちゃんは
息を引き取りました

海子さんからの手紙

きららは5年位前から
アパートに住みついた〝地域猫〟です
simicoさんへ
こんにちは
きららのことをお話します
お隣のおばさんと
2人でお世話をしていました

【地域猫】飼い主のいない猫をその地域の住民が世話をして管理している猫

ぶすなんかじゃ
ないよ〜
きららだよね〜
きららかわいいよ〜
きららという名前は
私が勝手につけた
名前です
さわらせて
くれない
フーッ

私も一人暮らしで
家にはすでに5匹の猫が
いたので、きららを家に
入れてあげる余裕は
ありませんでした
わがやのニャンズ
ミケケ
にまめ
もも
たましろ
なな

ぶす…あ、いや、きららは
とても痩せていて
見るからに年を取っていましたが
人に慣れず、
外で暮らしていました
冬は手作りの
猫ハウスで過ごしました
発泡スチロール

人見知りのきららでしたが
何年か経って
ようやくなでさせて
くれるようになりました
やったー

そんなある日…

きららの姿がぱったり
見えなくなりました

つづく

第13話

特別編（きららちゃん第二章）

しみことトモエ

きららちゃん

第二章

きららがいなくなって
ひと月たちました
保健所に収容されていないかチェックしている
あっ

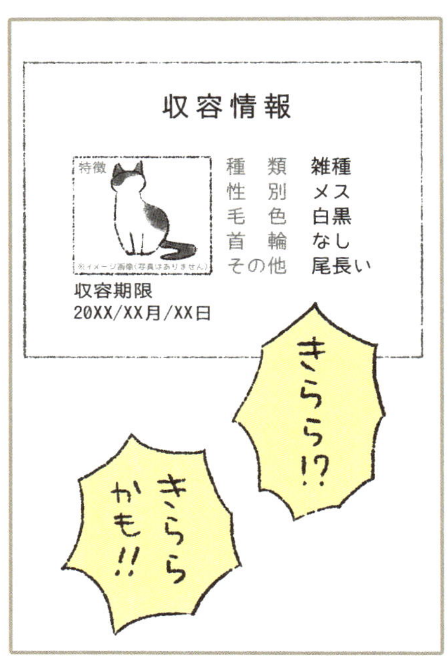
収容情報
特徴
※イメージ画像(写真はありません)
種類 雑種
性別 メス
毛色 白黒
首輪 なし
その他 尾長い
収容期限
20XX/XX月/XX日
きらら!?
きららかも!!

ウオオォ〜
きらら〜
きらら〜

きっ・・・

ちがう猫ちゃんでしたか？
いえ・・・
この柄 このシッポ なによりこの口元のホクロ どう見てもきらら・・

き・・らら？
・・・じゃない？

どう見てもきららでしたが額にゆでたまごのような大きいコブができていました
ニャ～・・
どうしたの？ そのタンコブ・・

持ち込まれたときに
すでにこのコブは
あったそうです

ありがとうございました
よかったね もう 逃がすんじゃないよ

収容期限は明日まででした
ギリギリセーフできららを
迎えにいくことができました

ホッ

あぶなかった

今回のことで
きららは外猫でしたが
タンコブの治療のことや
年齢的なことを考えて
室内で飼ってくれる
里親を探してみることに
しました

とりあえず まずは 汚れを落として 病院 行かなくちゃ

ヤケに おとなしいな

こんなに おとなしかったかな？

なんとその猫はきららでは
なかったのです。
決め手となった口元のホクロ
（正確にはホクロのような柄）は
黒ニキビでした…

タンコブがあきらかに
違う特徴だったのに
てっきりそれは失踪中に
できたケガだと思い込んで
いたのです

幸いその特徴的な
タンコブのおかげで
本物の飼い主さんは
すぐに見つかりました

―病院―
あれ？チョビちゃん？
院長先生
そのゆで卵のような
コブを持った猫は
飼い主さんが
病院に連れて行く途中で
キャリーケースから飛び出して
逃げてしまったのだそうです

ありがとうございました
達者でね
よかったね ゆうゆうさん
勝手に違う名前を付けて呼ぶ海子さん
（ゆでたまご頭のゆうゆうさん）

うわぁぁ～
チョビ～
チョビィィ～
よかった よかった
本当に無事でよかった!!

ブロロロロ・・・

きらら…
トボ
トボ

!
ガツ
ガツ

きらら!

ガッ
ガッ

あっ ぶすちゃん いつのまにか 帰ってきてた わよ

つづく

第14話

特別編（きららちゃん第三章）

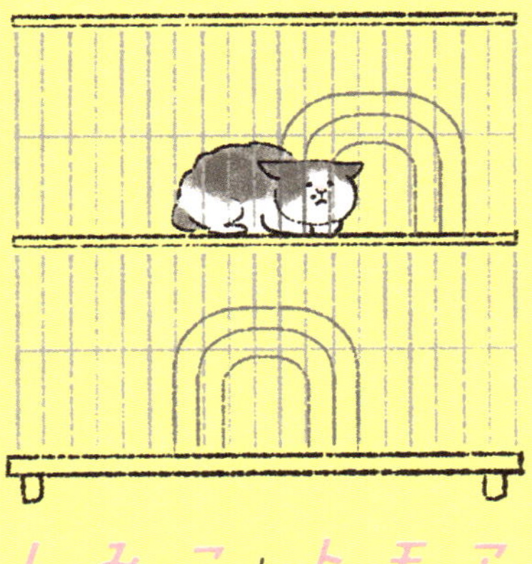

しみことトモエ

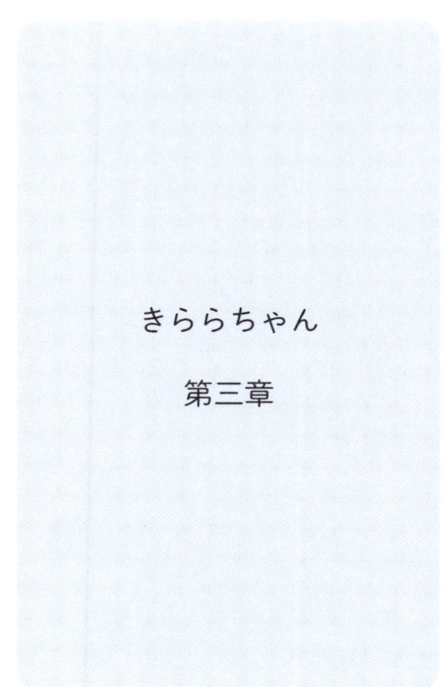
きららちゃん
第三章

何くわぬ顔をして帰ってきたきらら
？
にゃ
きららら…心配かけおって…
でもおかげでゆうゆうさんの命が助かったよ

そんなコトがあったの!?
スゴイわね
そうなんですよキセキのようでした

…で、きららがまたいなくなったら心配だし、里親を探そうと思うんです
そうねえ
きらら？
あ、ぶすちゃんのコトデス

ヨッシャ！
フカフカちゃんのぶんも一緒に探しましょ
2匹とも年寄りだから見つかるかしら…
ダメ元で…

数日後のある日―
※まだ里親みつからず
ガツ
ガツ

あれ？
きらら
どうしたの？
食欲ないの？
ぐぅ〜

カリ…

ニャ〜
ポロ
ポロ
ポロ

えっ？？
食べられないの？
口が痛いの？

イテ〜よ
イテ〜よ〜

でも…それよりも今、体調がものすごく良くない状態です

そしてまずは
ご飯を食べられるように
悪い歯を抜く手術を
することになりました

私は介護福祉士という
免許を持っていて
自宅から通える距離の
お宅へ訪問介護をする
仕事をしています

仕事の合間に
家に戻って
猫の様子を
見ることもできます

海子の一日

介護のお宅

事務所

事務所

この日は
きららの抜歯の
手術のために
さらに合間をぬって
病院にも行きました

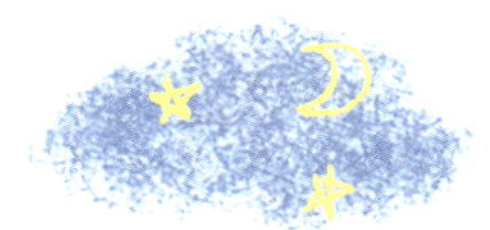

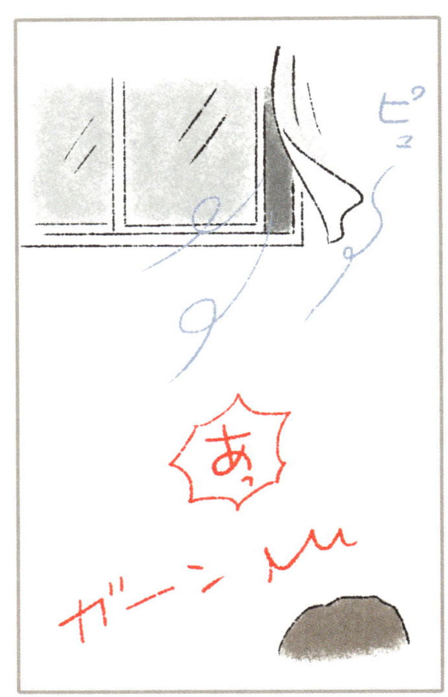

つづく

第15話

特別編（きららちゃん最終章）

しみことトモエ

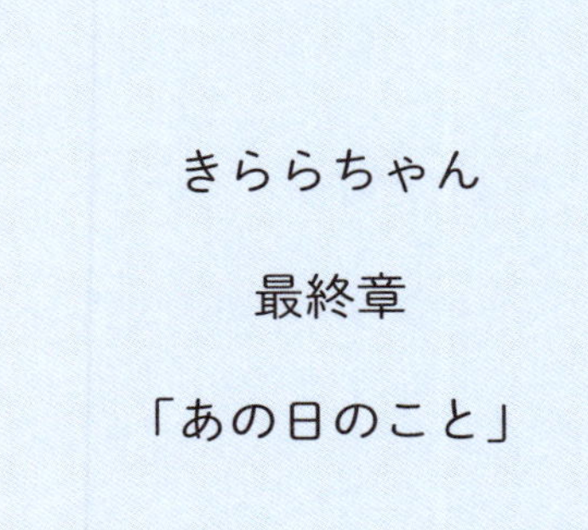
きららちゃん
最終章
「あの日のこと」

キョロ
キョロ

たましろ〜
たま〜

ダーーッ

スッスミマセン
？

あ…猫ちゃん探してるんですか？
ハイ
トモエの迷子チラシ
もし見かけたらご連絡下さい

私も今、脱走した猫探してて…
お互いがんばりましょうね

これが
かいぬしさんとの
最初の出会いでした

そして
たましろが脱走して
3日目のこと

いろいろなことが
めまぐるしく
あっという間に
過ぎました

まずはじめに、
きららの容態が急変しました
吐血して
グッタリ…

病院は休診日でしたが
開けてもらい
診てもらいました

わかりました！
うちにいる
他の猫を
連れてきます!!

極度の
貧血状態です
輸血が
必要です
輸血…
輸血するためには
血液型の合う猫を
自分で探して
こなければ
なりませんでした

猫も人間と同じように
適合する血液でなければ
輸血できないので
予備で２匹連れて行くことに…
うちで今、
若くて
元気なのは…
なな
２才
超おくびょう
もも
６才
まぁまぁ
若い
ビクビク

たましろがいれば一番いいんだけど…
一番元気で若い
たましろ2才元気モリモリ

…と、そのとき—
ガラッ
よいこらせ

たましろが勝手に帰ってきました…！
スタッ

すぐさまつかまえて病院へ…
ウオオオオ

適合検査の結果
ななの血をきららに輸血しました

そして一旦２匹を
家に連れて帰り、仕事へ行くために
また家を出ました

そして
かいぬしさんに連絡した後
きららの様子を見に行き、
仕事に戻りました

―数時間後

家に帰る前に
もう一度きららの
様子を見に
病院へ向かいました
きらら…

お、
いるいる
しかし…
なにしてるん
だろう？

あっ
そうだ
さっきの猫
どうしたかな
通り道だし
ついでに差し入れ
持ってってみよ

これ、マタタビ
もし良かったら
使って下さい
あと、
キャットフードと
お茶と
ポッカイロも

えっ
捕獲器
持ってるん
ですか？
家に取りに
行きたいと？
コクコク

アリガトウ
ゴザイマス！
アリガトウ
ゴザイマス！
…

いいですよ
私、ここで
見てますから
よかったら
この自転車も
使って下さい

きらら…
猫ちゃん
無事おうちに
帰れるといいね
きらら…
猫ちゃん
お願い…
きららを
助けて…

ホントにありがとうございました!!
がんばってください!!

―病院
今は落ちついて眠っていますよ

きらら がんばって
明日また来るからね

そして私は
安心して眠りました

電話が鳴ったような
気がしましたが
携帯を見ると
バッテリーがきれていました

きららも
きっとだいじょうぶ

だいじょうぶ〜
だいじょうぶ〜
きららは
だいじょうぶ〜

ああ、さっきの電話…

きららの訃報だったんだ…

きらら、
きらら、
よくがんばったね
えらかったよ
きらら、 きらら…
きらら…

まだあったかい…

きらら、
今朝また
きららのおかげで
一匹の猫ちゃんが
見つかったんだよ
すごいね、きらら
きららすごいよ
ありがとう。きらら

きららちゃんは
深大寺というお寺の
動物霊園に眠っています

そこには
他の子たちの
お墓もあって
それぞれ思い思いの
かわいいおもちゃやおやつが
ぎゅうぎゅうに添えられていて
たくさんの愛に
あふれていました

きららちゃんも
海子さんに
とても大事にされて

たくさん愛された
猫ちゃんでした

ありがとう
きららちゃん

おわり

しみことトモヱ

第16話 わかったこと

でも
暖かい場所があれば
入ってくるし

枕なんか使っちゃって
いびきもかく

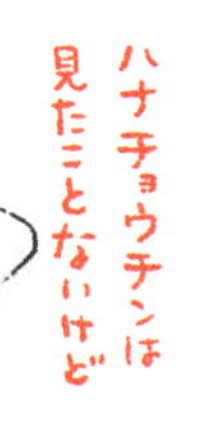

そして
トモヱが来て
よりいっそう
感情がむき出しに…
〜回想〜
トモヱが
来たばかりの頃
!

思っていたより
ずっと繊細な感情を
持っていた
猫同士
なんだから
仲良くしよ〜
…なんて
単純なもの
ではなかった

嫉妬や
怒りや
不安
自尊心

ゴゴゴ…
フーッ

猫には
スゴんで見せるトモヱも
人間には気を使う
ニャ〜〜ン
フンッ

チラッ

ペロ
ペロ

あざといとか
そういう見方もあるけど
人間の顔色を伺っている
ように見える
本当は人間がすごく怖いんじゃないかな
クネ
クネ
はよこいや
…と思う

こうすれば

ういヤツめ〜

ウェ〜ウェ

ウェ〜ウェ

【ウエ〜ウエ】
しみこをあやす時に
発声する言語だったが
結局誰にでも使っている

人間はメロメロになる…

—ってわかっていて…
人間に怒られないための
トモヱなりの
防衛手段なんじゃないか？
…と思ったりする

考え過ぎかな…

まだトモヱがうちに
来たばかりの頃
なでようと思って
手を出したら

一瞬ビクッとして
ひるんだことがあった

ビクッ

まぁ
いきなり前から
ヌッと手がきたら
誰でもおどろく
だろうけど

しみこは
手を出すと
顔をニュッと出して
においかぐ

ニュッ

…トモヱは
過去に何か
あったのかな…

…なんて
勘ぐってしまう

本当のところは
何もわからないけど

感情は豊かで
とても繊細

さぶ〜
とっとと
帰ろ

あっ
ネコ

あっ
雪!

ノラはつらいの〜

猫と暮らしてわかったことで
一番衝撃的だったのは
ノラ猫の平均寿命が
とても短いと知ったとき

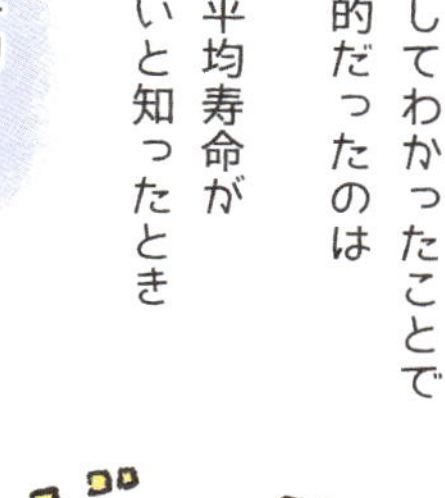

※室内飼いの猫は
平均15年〜長くて20年以上

ノラ猫…
たくましく見えても
寒空でふるえながら
生きてたら
命もちぢまるよね…

※寿命が短い理由は
他に、交通事故や
感染症、飢え、ケンカ
…など

う〜
さぶさぶ
ただいま〜
おお！仲良くしておるな。
ヨシヨシ

スンマセン…

どこほっつき歩いてたニャ！
コタツついてないんじゃ〜はよつけろや

ホッ
あったかい

外の猫たち
あったかく
してると
いいな…

…

第17話 アマエンボサン

しみことトモヱ

しみこもトモヱも甘えん坊
待機型
甘え方はそれぞれちがう
特攻型

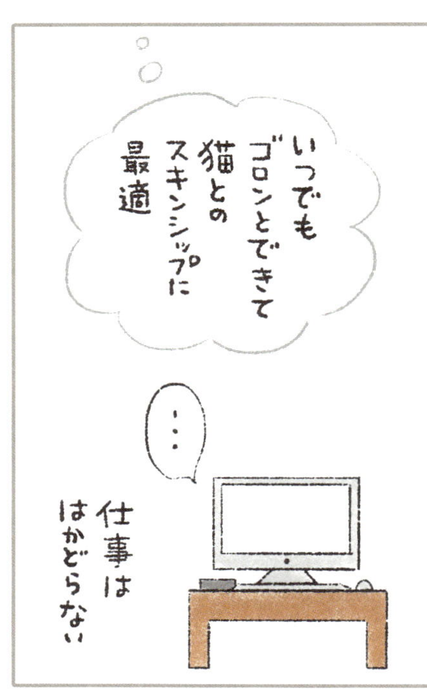
いつでもゴロンとできて猫とのスキンシップに最適
…
仕事ははかどらない

現在うちは低い家具だけのロースタイル
ちゃぶ台の上にデスクトップパソコン
ゴローン
H 40cm

猫は人間社会のような厳しい躾（しつけ）は必要ないと思っている

一生涯
甘ったれた人生(にゃんせい)を
送ってほしい
ずっと
愉快(ゆかい)で
のんびり
楽しい
にゃんせい

トモエ〜
そこにいると
描きづらいん
だけど〜
スリスリ
くねくね

トモエはいつでも甘えん坊
常にかいぬしに一番
近いところを陣取る

んもう〜
ウェ〜ウェ〜
ウェ〜ウェ〜
ワシャワシャ

じーー
待機型しみこの
無言の圧力

くるん
ウェ〜ウェ
ウェ〜ウェ
ワシャシャ
ワシャシャ

こんなときは
必ずしみこが見ているので
急いでしみこも撫でにいく
そっぽ向いて
ヤキモチ
アピール

「そっぽ向く」
省略時バージョン

もはや
来るのがわかっていて
ソワソワして構えている
くるぞ
くるぞ
武者ぶるい

ちらっ

ウェ〜ウェ
ウェ〜ウェ
キター
ワシャシャ
ワシャシャ

ニャッ
フンッ

アマエンボサンが
出てこれなくて
困っていたら

声をかけて
誘い出す
アマエンボサン
ウェ〜ウェ
ウェ〜ウェ

呼んだなり？
なんか用なり？
ゴロロ…
ゴロロ…
しみこは単純だなあ

ヨソのうちの猫

うちの子
野良生活が
長かったせいか
ヒト慣れしなくて…

一年以上
たっても
なついて
くれないの

私には
なつくかも

自分のうちの猫には
なつかれているから
というだけの根拠

わしの甘やかしテクで君のアマエンボさんを呼び覚ましてあげましょう
ウェ〜ウェ〜
ウェ〜ウェ〜
ムリだと思うよ
ウェ〜ウェ？

おじゃましました…

——呼び覚ますどころか
気配すら感じさせないほど
姿も見せてくれなかった

シャー
わかってるって
触らないよう

甘え方も猫それぞれ

猫はみんなアマエンボサン

第18話

謎行動

しみことトモエ

【トモヱ ケツパンまでの流れ】
ネタ考え中

ホジ
ホジ

ドスンッ

クネ
クネ

グイ
頭突き
グイ
頭突き

オ〜
ヨシヨシ
ナデ
ナデ

スッ

大胆かつ巧妙な流れで
ケツパンに持っていく
ペシ
ペシ
おぬし
なかなかの
策士じゃの

ペシペシペシペシ
ナデナデナデナデナデナデ
……からの
やさしく
リズミカルに
ムギュ
キャッキャッ(怒)

はいはい
おわり
おわり
小休止
小休止

じーー

やれやれ
平等に
かまって
やらんとな
ドッコイショ

【しみこ ケツパン二重奏】
ワシャ
ワシャ
ワシャ
ワシャ
ワシャ
ワシャ
ワシャ
ワシャ

フンッ
ブヒヒ
ありゃ！
スネてる

パカラン
パカラン
パカラン
パカラン
ケツパンカッション
Kainushi

ゴロリン
ここで
ナデるが
よい

バリ
バリバリ
バリバリ
バリバリ

パカラン
パカラン
パカラン
パカラン
ニャアアーン
ニャアアアーン
ニャアアーン

パカラン
パカラン
パカラン
パカラン
ニャアアーン
ニャアアアーン
ニャアアーン

小休止
ピタ

パカラン
パカラン
ニャマママーン
ニャママーン
最高潮
パカラン
パカラン

こんのクソガキャ！
ヤルニャスか!?
ペター
耳ペタ（劣勢）になるくせになぜ自分から仕掛ける？
酔った勢い？
？？

ダッ
ポカッ
感情が高ぶり
視界に入った
トモヱを殴りに行く

この謎行動は
トモヱもたまにする
パカ
パカ
パカ
パカ
ダッ
ポカ

トモヱの謎行動②
じ・・・

変なヤツらだな
オマエもな
ケツで遊ぶんじゃないニャス

しみこのうんこ監視
じ〜〜
マジ意味わからん

第19話

大事な時間

ブーッ
ポロポッポッポ♪
♪ポッポロポッポロポッポ
ポッポロポッポ…
ブーッ
ブーッ
♪
※アラーム音

かいぬしの
毎朝の楽しみ
朝ドラが
始まる前に準備を整え
始まると同時に
朝食をとりながら見ること
まずはねこめし
ササッ

朝ドラ開始
15分前
7:45am
ガバッ
ダッ
ポロポ♪

自分の朝食準備
ボッ

かいぬし3分クッキング
トーストした
イングリッシュ
マフィンに
スーパーの
おそうざいの
ポテサラを
こんもり
のせる
オワリ

ザッ
ザッ
ザッ
ザッ
…
べっぴん
にゃん

まもなく
8時です
それでは
今日も1日
お元気で！
ズザザー
まにあった

ぷ〜ん

朝ドラは
冒頭シーン
1~2分の後に
オープニング曲になる
この間に
トイレ
掃除を!
ダッ

その間約1分
しっこならまだしも
を放っておく
わけにはいかない
うお~
トモヱェ
おまえもか!
ボトッ
ボトッ

ズザザザー
あああっ
まにあわんかった
本編はじまって
しもたぁぁ
ぐぎー

くそ
今日も
中断されたか
でも大丈夫
録画して
あっから
ピッ
べっぴん
にゃん
最初から
録画で見れば
いいやんけ
…というと
そうではない
リアルタイムに
間に合わせることに
意義がある(?)

しかしまぁ…
数分といえども
朝ドラを毎回
2度見するのは
時間の無駄遣いである

この前
自己年表なるものを
書いてみた

【自己年表】

生まれた日から
現在までの主な
出来事

〜

未来予想

〜

何歳まで生きて
どんな最期を迎えるか
希望的予想

何歳まで生きて
どんな最期を…
希望的予想…？

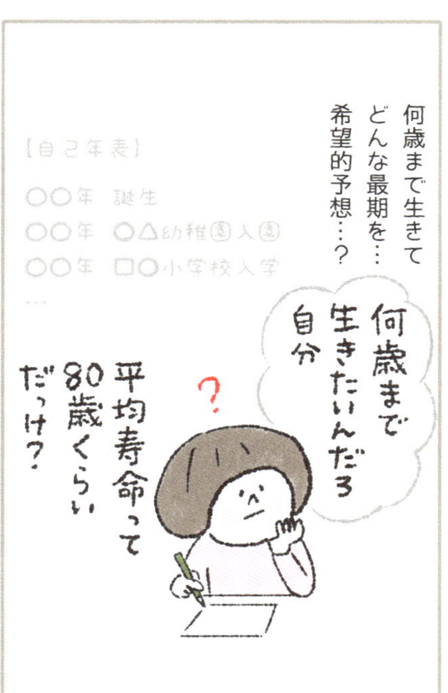

もう四十もすぎたし
あと半分もないのか

しみトモたちも…
あと十年…いや十五…
二十年以上生きてほしい

…んで、
しみトモたちを
無事に看取ったら
その頃
自分は
60~70代…
ふおお…

そして腐る前に
都合よく誰かに
発見してもらって
→希望的
予想です
から
しみトモたちが眠る
動物霊園に一緒に
入れてもらうのだ
ダイイング
メッセージ

介護も必要とせず
元気なままで
いつもの場所で
TVでも見ている間に
いつのまにか
いねむりしてて
そのまま静かに
息をひきとる…
そんな感じがいいなぁ

そんな
都合良く
いくかな
ふっ

終わってしまうことを
考えると
なんでこんなに
悲しくなるんだろう
めそ
めそ

こういう妄想
前にも
やったな
ガバッ
将来を憂いて
ひとりむせび泣く
パターン
これこそ
時間のムダでは
なかろうか
あと朝ドラの
2度見も
もうやめよう

長いようで
短い人生
ニャン生はもっと
短い！
しみトモと過ごす
かけがえのない
大切な時間
それは今！
今をもっと
大事に生きよう！
遊ぶぞ！

・・・
スヤ
スヤ
スヤ〜

寝てなさい
寝てなさい
わしもネル
一緒に過ごす喜びを
かみしめながら
ゴロンする
たいへん有意義な
ゴロ寝
ゴロン

同じ空間に
しみこがいる
トモヱがいる
ただ
それだけで
こんなにも
満ち足りる

幸せだなぁ

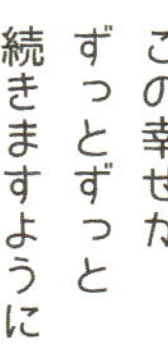
この幸せが
ずっとずっと
続きますように

スヤァ

ハッ
4時!

4時夢（ヨジム）がはじまる!

※毎日楽しみに見ている夕方4時のワイドショー

サカサカサカサカ

ぬおおお
最初のほう見そこねた～
ぐぎー

でも大丈夫
録画してあっから

ピッ

4時に夢中

おわり

エピローグ
「余生はまったりと…？」

毎日平和ですなあ

みんなもオバハンになってもうすっかりドタバタしなくなったね

しみこ12歳
人年齢60代

トモエ8〜11歳
人年齢50〜60代

かいぬし
アラフォーからアラフィフになった

猫はこのくらいの年齢になると一日の大半を寝て過ごす

何も起こらない平和な毎日

こうしてこのまま
ゆっくりと
時が流れて
共に歳を取って
残りの人生と
ニャン生
ずっと一緒に
まったり
行こうね

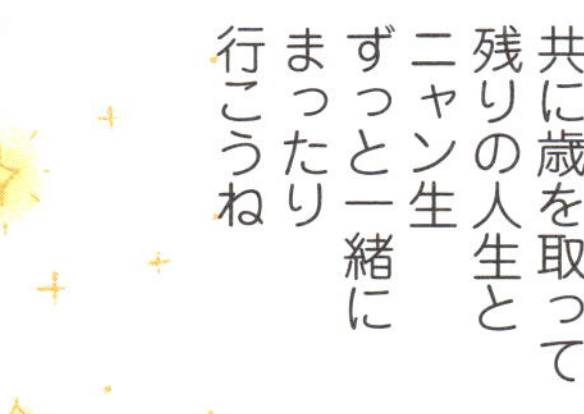

まだ赤ニャンだからねいじめちゃダメだよ〜
ニャーッ
フーッ
あ…マズイすごい怒ってる…
キョトーン
子猫ちゃんまだお部屋デビュー早かったね…あっちの部屋に戻ろっか…
あっ
ダッ
ダーッ

新入りが加わり

コイツ強い…!

ニャ〜〜

ニャアア〜〜

また新たなドタバタが始まるわが家なのであった

しみことトモヱ

ピクピク

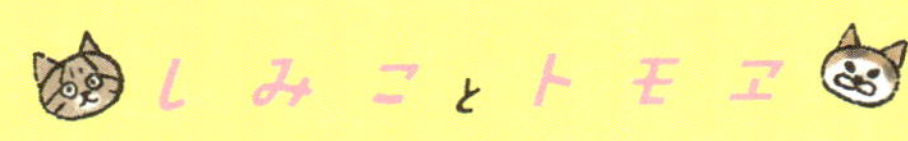

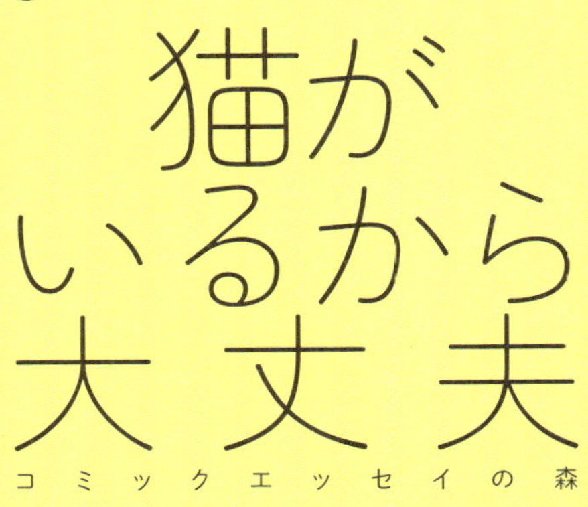

2017年12月13日　第1刷発行

著者
simico

装丁
小沼宏之

本文DTP
松井和彌

編集
齋藤和佳

発行人
堅田浩二

発行所
株式会社イースト・プレス
〒101-0051
東京都千代田区神田神保町2-4-7 久月神田ビル
TEL03-5213-4700　FAX03-5213-4701
http://www.eastpress.co.jp/

印刷所
中央精版印刷株式会社

ISBN978-4-7816-1607-0 C0095

［初出］――
この作品は、web漫画サイト
comicoで配信されたものに
加筆修正し、再構成したものです。